西濃鉄道(岐阜県)の撮影名所のひとつ、石引神社の境内を横切る第四種踏切を国鉄DE10形の譲渡車両、DE10 501が行く。
2014.4.5　美濃赤坂-乙女坂　P：寺田裕一

カラーで見る
私鉄のディーゼル機関車(西日本編)

桜の名所へのアクセス路線として栄えた岐阜県の樽見鉄道では、花見客の輸送用にディーゼル機関車牽引の客車列車が運転されたことがあった。西濃鉄道から譲渡された元国鉄DE10形のTDE113が元国鉄の14系客車を牽く。
2005.4.9　谷汲口　P：寺田裕一

京都府の嵯峨野観光鉄道はJR西日本の子会社で、線路付替により廃止になった旧山陰本線の線路を再活用した観光トロッコ列車を運行する。機関車は元JRのDE10形が使われる。　　　　　　　　　　　　2019.11.29　トロッコ保津峡－トロッコ亀岡　P：寺田裕一

北九州市が施設を所有し、平成筑豊鉄道が車両を保有し営業を行う門司港レトロ観光線。南阿蘇鉄道で使用されていた小型機関車を譲り受けてプッシュプル運転を行う。　　　　　　　　　　　　　　　　2024.11.17　九州鉄道記念館－出光美術館　P：寺田裕一

旧国鉄高森線が1986(昭和61)年に第三セクター転換された南阿蘇鉄道。2016(平成28)年の熊本地震以来一部区間が運休していたが、2023(令和5)年7月15日より全線の運転を再開した。　　　　　　　　　　　　　　　　　　　　　2014.4.26　長陽-立野　P：寺田裕一

岡山県内の第三セクター、水島臨海鉄道では貨物営業のほか旅客営業も行われ、機関車だけでなく気動車も多数在籍している。
　　2023.7.7　倉敷貨物ターミナル　P：寺田裕一

愛媛県の伊予鉄道では松山観光の要として、松山市駅から道後温泉までの市内線を走る「坊ちゃん列車」を運行、蒸気機関車を模したディーゼル機関車が客車を牽引する。　　　　　　　　　　　　　　　　2018.3.25　道後公園－南町　P：水野宏史

岐阜県の長良川鉄道で1992～2003（平成4～15）年の間運行されていた観光トロッコ列車の牽引にあたっていたのがNTB209で、トロッコ列車が廃止された現在は除雪用に使われている。　　　　　　　　　　　　　　　　2000.5.3　美濃市　P：寺田裕一

黒部川に架かる新山彦橋を行く黒部峡谷鉄道DD24形機関車。日本除雪機製作所(現・NICHIJO)製の機関車である。
2023.2.23 柳橋－宇奈月
P提供：NICHIJO

樽見鉄道TDE113は同社のレールバスに準じた塗色、TDE102は観光列車「うすずみファンタジア」に合わせ黄色と青色をベースとした塗色であった。
左)1992.6.11／右)1999.9.12　本巣　P(2枚とも)：寺田裕一

西濃鉄道の新旧自社発注機、1966年製のDD402(左)と2022年製のDD451。
左)2017.5.20　乙女坂／右)2022.10.8　美濃赤坂　P(2枚とも)：寺田裕一

廃車後に奥飛騨温泉駅前に保存されていた神岡鉄道KMDE101(左)と小型ながらKMDD130形に準じた塗装とされたKM252。
左)2004.4.30　奥飛騨温泉口／右)2000.4.12　神岡鉱山　P(2枚とも)：寺田裕一

万葉線6000形は、2012(平成24)年新潟トランシス製の除雪機関車。パンタは信号連動用のもの。2022.2.26　米島口　P：寺田裕一

北陸鉄道の除雪用機関車、DL1(手前)とDL31。
2008.11.3　鶴来　P：寺田裕一

福井鉄道の除雪用機関車D101は1982(昭和57)年新潟鐵工所製。晩年および車籍がなくなった現在は右写真のように赤色になっている。
左)2014.5.10／右)2021.1.23　北府　P(2枚とも)：寺田裕一

西日本編のはじめに

　1993（平成5）年4月1日在籍のディーゼル・蒸気機関車とその後の変遷を訪ねて中京地方の途中から西に向かう。今回、蒸気機関車が走る鉄道は0で、蒸気機関車を模したディーゼル機関車2両が在籍するのが伊予鉄道松山市内線である。

　1993年4月1日に貨物営業を行っていた非電化私鉄は、太平洋石炭販売輸送、釧路開発埠頭、苫小牧港開発、八戸臨海鉄道、岩手開発鉄道、小坂精錬小坂鉄道、秋田臨海鉄道、仙台臨海鉄道、福島臨海鉄道、鹿島鉄道、鹿島臨海鉄道、京葉臨海鉄道、神奈川臨海鉄道、衣浦臨海鉄道、名古屋臨海鉄道、樽見鉄道、西濃鉄道、神岡鉄道、水島臨海鉄道の19社であった。電化私鉄に比べると意外に社数が多いが、貨物専業の臨海鉄道のすべてが非電化であったことが要因といえよう。ただ、臨海鉄道は東日本と名古屋圏に多く、本書の

地域では水島臨海鉄道が存在するが、旅客の比重がかなりあり、少し特異である。貨物専業の西濃鉄道も一般には知られておらず、物流大手の西濃運輸とは無関係の存在であることが記されることが多い。本線がすべて電化路線である黒部峡谷鉄道にもディーゼル機関車は在籍していて、このあたりは予備知識がないと理解しづらい。

本書では昨年（2023年）発行の『RMライブラリー280・281巻 私鉄電気機関車の変遷（上・下）』に合わせて、1993（平成5）年4月1日在籍とそれ以降に入線したディーゼル機関車・蒸気機関車の生い立ちと、その後を紹介する。私鉄の定義は鉄道事業法に基づくものとし、専用線は除外した。また、車体は目にすることができるものの廃車となっていたもの、あるいは機械扱いなど車籍がないものについても割愛した。

2025年1月　寺田裕一

コンテナ列車を牽く水島臨海鉄道DE701。国鉄DE11形と同形機で、1971（昭和46）年川崎重工業製。2021年からはDD200-601に役目を譲っている。
2014.12.7　東水島－水島　P：寺田裕一

樽見鉄道は岐阜県の第三セクター鉄道で、三陸鉄道と同じ1984(昭和59)年に国鉄線から転換された。写真先頭のTDE105は国鉄DE10形の譲渡車、重連2両目のTDE101は1984(昭和59)年日車製の新造機。
2004.11.13　東大垣－横屋　P：寺田裕一

29. 樽見鉄道

　大垣～神海間23.6kmは国鉄樽見線として開業。1956(昭和31)年3月20日に大垣～谷汲口間21.7km、1958年4月29日に谷汲口～美濃神海(現在の神海)間2.3kmが開業。輸送人員は伸びず第一次廃止対象線区となり、1984(昭和59)年10月6日に、貨物専業の西濃鉄道を筆頭株主とする第三セクターの樽見鉄道に転換された。

　樽見鉄道では、要員数を国鉄時代の半分に、朝の通学列車は貨物牽引用のDLが客車を牽引するなど、車両運行の合理化を行った。この結果、黒字基調の経営となり、神海～樽見間の新線開業を決意した。この区間は路盤や橋梁など全体工事の70％が終了していたこともあって、1989(平成元)年3月25日に新規開業を見た。

　開業時の淡墨桜シーズンはディーゼル機関車が客車を牽引して観光客を運んだが、それ以外は極めて利用客が少なく、大垣～本巣～住友大阪セメント岐阜工場間の貨物輸送が経営の下支えになっていた。しかし、2004年2月18日には、住友大阪セメントが2005(平成17)年度限りで鉄道貨物輸送を打ち切ることを表明。貨物列車の運転は2006(平成18)年3月28日限りで廃止となった。

　以降は旅客営業のみとなり、平日朝1往復の大垣～本巣間の客車列車と桜シーズンの大垣～樽見間の客車列車も気動車化され、苦しい経営が続いている。

TDE101は1984(昭和59)年の開業時に日車で新製されたもの。キャブに付けられた社名プレートとV字型の白ラインが特徴。
2004.11.13　本巣
P：寺田裕一

TDE102は観光列車「うすずみファンタジア」の牽引用として、客車に合わせた黄色と青色ベースの塗色とされた。
1992.6.11 大垣 P：寺田裕一

○TDE101～103・105

　転換開業時に貨物列車牽引用と平日朝1往復の客車列車牽引用に3両のTDE10形が用意された。第三セクター化に当たってはセメント貨物輸送をトラック化すると公害問題が発生することが論点になったほどで、開業時は4往復の貨物列車が設定され、年間50万t以上を輸送した。3両の機関車は、2両使用、1両予備であった。

　TDE101は1984（昭和59）年日本車輌製の新造機。一方、102と103は1975（昭和50）年日本車輌製で、衣浦臨海鉄道KE652と655を譲り受けた。3両とも国鉄DE10形1500番代と同系車で、機関はDML61ZB（1350PS）に増強され、SGの設備はなかった。

　神海～樽見間が延伸開業すると、淡墨桜シーズンに客車を牽引する機関車1両の増備が必要となり、1988（昭和63）年4月10日付けで国鉄清算事業団からDE10 149（1969年11月汽車会社製）を譲り受けてTDE105とした。1992年9月にTDE113が入線すると、103が高崎運輸に譲渡された。

　塗色は国鉄・JRと同色を使用するが、キャブに社名プレートが取り付けられていることから、白ラインはV字を描く。102はパノラマ列車の牽引機として下半ブルー・上半黄色となっていた。

　大垣～本巣間貨物列車は、2003年秋以降は1往復で、機関車運用に余裕ができたこともあって、通常は重連で牽引した。

TDE113は西濃鉄道より元国鉄DE10形であるDE10 502を譲り受けたもの。レールバスに準じたブルー＋赤帯の塗り分けであった。
1999.9.12 本巣 P：寺田裕一

D101は大阪セメント岐阜工場の専用線で使われたが、車籍は樽見鉄道にあった。1962(昭和37)年日立製の45t機。
2000.4.8　住友大阪セメント岐阜工場　P：寺田裕一

○TDE113

　1992(平成4)年9月20日に親会社の西濃鉄道からDE10 502(1969年11月川崎製・元国鉄DE10 545)を譲り受けてTDE113とした。同時にTDE103を譲渡したこともあって別形式で区別している。

　西濃鉄道DE10 502は1990年10月16日に国鉄清算事業団から購入した2両のDE10形のうちの1両で、西濃鉄道での在籍期間は2年に満たなかった。黄色とブルーの塗分けが異彩を放った。

○D101・102

　住友大阪セメント岐阜工場の私有機で、本巣～住友大阪セメント岐阜工場間の専用線で貨車を牽引した。樽見線が国鉄であった時代は専用線の所属であったが、転換時に車籍が樽見鉄道に移った。2両とも通常は住友大阪セメント岐阜工場留置であった。

　D101は1962(昭和37)年日立製の45t機。機関はDMH17S(250PS)×2基搭載。日立の標準タイプHG45BBで、南部縦貫鉄道D451と同じ年生まれの兄弟機で、キャブ側面の構造が異なるものの、通風口の形状は同一。塗装は濃い水色。

　D102は1963(昭和38)年日立製の35t機。機関はDMH17C(180PS)×2基搭載。HG35BBの規格品で、塗装はD101と同じく濃い水色。

D101同様、大阪セメントの専用線で使用された樽見鉄道D102。1963(昭和38)年日立製の35t機で、カラーは表紙写真参照。
2000.4.8　住友大阪セメント岐阜工場　P：寺田裕一

西濃鉄道は、岐阜県の金生山から産出される石灰石輸送を行う貨物専業鉄道(旅客営業は1945年に廃止)。かつては昼飯(ひるい)線と市橋線の計4.5kmであったが、現存区間は美濃赤坂～乙女坂間1.3kmのみである。　　　　　2024.9.10　美濃赤坂　P：寺田裕一

30. 西濃鉄道

　大垣から分岐するJR東海道本線支線の終点・美濃赤坂から北方に(かつては西方にも)伸びる貨物専業鉄道。伊吹山麓の金生山から産出する良質な石灰石を輸送する。

　馬車輸送では輸送力に限界があったことから鉄道敷設が計画され、1928(昭和3)年12月17日に借入蒸機2両と貨車2両だけでスタートを切った。路線は市橋線(美濃赤坂～市橋間)2.6kmと昼飯線(美濃赤坂～昼飯間)1.9kmで、1930(昭和5)年2月1日から鉄道省のガソリン動車が市橋線に乗り入れて旅客営業を開始したが、1935(昭和10)年6月16日に旅客営業区間は美濃赤坂～赤坂本町間0.5kmに短縮され、1945(昭和20)年4月1日に休止となり、以降は貨物専業となった。

　昼飯線は1983(昭和58)年9月に定期列車の運転を終了し、2006(平成18)年3月31日に廃止に至った。昼飯線の晩年は、美濃赤坂からDLが貨車を牽引し、美濃大久保でスイッチバック、DLが押して昼飯に向かった。昼飯からはDLが押して美濃大久保に向かい、そこからDLが牽引して美濃赤坂に向かった。定期列車の運転が終了して以降は、西濃鉄道が受託していた廃貨車の解体が美濃大久保で行われていた。

　市橋線の先端部の猿岩～市橋間0.6kmは2006年3月31日廃止。乙女坂～猿岩間0.7kmも2022(令和4)年9月1日に廃止となった。ただ旧猿岩への線路は乙女坂の構内側線として残置している。現在の営業区間は美濃赤坂～乙女坂間1.3kmで、日本一営業距離が短い私鉄である。

DD402は1969(昭和44)年三菱重工製の40tセンターキャブ機で、エンジン故障を起因とし2023(令和5)年に廃車された。
2017.5.20　美濃赤坂
P：寺田裕一

DD403は1972(昭和47)年三菱重工製の40tセンターキャブ機で、現在でも活躍中である。　　　　2021.5.29　乙女坂　P：寺田裕一

●DD402・403

　蒸気機関車の天下であった西濃鉄道に最初に登場したディーゼル機関車がDD401で1964(昭和39)年7月に三菱重工業三原工場で新造された。40tセンターキャブ機で、DD402・403が登場すると予備機となり、1990年にDE10形2両が登場すると1991(平成3)年3月31日に廃車となった。

　DD402は1969(昭和44)年、DD403は1972(昭和47)年製で、ともに三菱重工業製の40tセンターキャブ機。機関は三菱12DH20LT(520PS)×1基搭載。独特の台車枠は三菱製ディーゼル機関車の特徴である。

　DD402は2021年にエンジンが故障したために運用を離脱し、2023(令和5)年2月6日に廃車となり解体された。DD403は今なお現役で、今も主力機として貨物列車の先頭に立っている。

○DE10 501・502

　1990(平成2)年に国鉄清算事業団からDE10形148と545を譲り受けてDE10 501・502とした。塗装もそのままで使用を開始。DE10 502は1992年9月20日に廃車となり、樽見鉄道へと転じた。樽見鉄道は西濃鉄道が51％を出資していて、形の上では廃車と竣工の手続きをとっているが、実態は異動に近い。

　DE10 501は主力機として活躍したが、2017(平成29)年を最後に運用から離脱し、2021(令和3)年9月8日に解体された。

DE10 501は国鉄DE10形を譲り受けたもので、僚機の502号は樽見鉄道に転じTDE113となった。
2008.9.23　乙女坂
P：寺田裕一

西濃鉄道DE10 1251のルーツは1981(昭和56)年日車製の国鉄DE15形で、秋田臨海鉄道を経て2021(令和3)年に西濃入りした。
2024.5.4 美濃赤坂　P：寺田裕一

●DE10 1251

　1981(昭和56)年日本車輌製で、国鉄DE15 2526として誕生。新製後、1981年8月に釧路機関区に配属され、釧路の地を離れることなく、2016(平成28)年4月30日に廃車となった。

　2016年12月にDE10 1251に改番がなされて秋田臨海鉄道入り。2021(令和3)年4月1日の秋田臨海鉄道廃止後に当線に入線し、2021年6月22日に入籍。2022年8月1日から営業運転に就いている。主力機として貨車牽引にあたっている。

●DD451

　2022(令和4)年北陸重機工業製のセミセンターキャブ機。2022年7月に納入され、2023年3月18日から営業運転を開始した。3月22日から運用を離脱して修繕を行い、4月15日から再び運用に就いている。

　新造DLの登場は、1972年製のDD403以来50年ぶりで、薄いピンクというか桜色の塗装は驚きを与えた。機関は三菱12DH20LT(520PS)×1基搭載。現在は不調箇所があるようで運用から離れていて、JRの線路の北側の機関区内に留置されている。

ピンク色の車体が美しいDD451は、2022(令和4)年北陸重機工業製のセミセンターキャブ機。
2023.7.28 美濃赤坂　P：寺田裕一

1992(平成4)年の長良川鉄道でのトロッコ運転開始に合わせ、無車籍の除雪用モーターカーを機関車として入籍させたNTB209。
1992.9.27　郡上八幡　P：寺田裕一

31. 長良川鉄道

　高山本線美濃太田を起点として、関・美濃市・郡上八幡・美濃白鳥を経て北濃に至る。全長72.1kmの長大路線で、国鉄越美南線の転換を受けて、1986年12月11日に開業した。乗客が減少傾向である環境下で、観光客誘致の目玉として考え出されたのがトロッコ列車で、1992(平成4)年4月23日から季節運転を開始した。機関車は軌道用モーターカー、客車は緩急車4両と無蓋貨車1両を改造したもので、野趣に溢れていた。オープンタイプの客車を用いたトロッコ列車の魁的存在であったが、2003年7月21日に脱線事故が起こり、以降の運転は休止となった。

　国鉄越美南線は、1923(大正12)年10月5日に美濃太田〜美濃町(現在の美濃市)間が開業、1926(大正15)年7月15日に板取口(現在の湯の洞温泉口)、1927(昭和2)年4月10日に美濃洲原(現在の母野)、同年10月9日に美濃下川(現在の大矢)、1928年5月6日に深戸、1929年12月8日に郡上八幡、1932年7月9日に美濃弥富(現在の郡上大和)、1933年7月5日に美濃白鳥、1934年8月16日に北濃と、小刻みに延伸を繰り返した。

　福井方面からの越美北線は1960(昭和35)年12月15日に南福井〜勝原間が開業し、1972年12月15日に勝原〜九頭竜湖間が延伸されたが、1987年4月1日に起点が越前花堂に変更された。2002年までは美濃白鳥と九頭竜湖を結ぶバスが運行されていたが、今は越美線の名称そのものが表に出てはいない。

○NTB209

　1986(昭和61)年・富士重工業製の軌道モーターカー。富士重工業TMC300形のラッセル式排雪用タイプのTMC300S形で、当初は車籍のない排雪用モーターカーとして使用していた。トロッコ列車牽引に合わせてATS-S形車上装置、列車無線を新設して1992年に入籍した。

　当初はブルー一色塗装であったが、原色を多用してカラフルになった。トロッコ列車運休後は出番がなく、貨車改造客車とともに美濃市に留置され、2011(平成23)年3月31日に車籍が消えて、モーターカーに戻った。2014年に車体色は黄色となった。

NTB209は1986(昭和61)年富士重工製。トロッコ列車は2003(平成15)年の脱線で運行が休止され、NTB209も晩年は無車籍のモーターカーに戻った。
1992.9.27　美濃市　P：寺田裕一

神岡鉱山からの硫酸輸送用タンク車を牽引する神岡鉄道KMDD130形。硫酸輸送が2004（平成16）年よりトラック輸送に切り替えられたことで収入の大半を失った同鉄道は、2006年に廃止された。
1987.11.26　神岡鉱山前−漆山　P：寺田裕一

32. 神岡鉄道

　神岡鉱山は400年の歴史を持ち、明治に入って三井鉱山が経営するようになると生産量が急増した。1920（大正9）年10月に軌間762mmの馬車鉄道として笹津〜鹿間間が開業し、1927（昭和2）年に鉱山専用軌道と同じ軌間609mmの内燃動力・三井鉱山神岡軌道が笹津〜東町間に開業、そして1931年8月25日に起点が猪谷に変わった。地方鉄道改組は1945（昭和20）年1月16日で、戦後は旅客営業も行った。三井金属工業となった神岡鉄道は、国鉄神岡線開業の後に全廃に至った。

　1966（昭和41）年10月6日に軌間1,067mmの国鉄神岡線猪谷〜神岡（後の奥飛騨温泉口）間が開業した。神岡線は、開業当初こそ神岡鉱山の鉱石輸送を中心に4往復の貨物列車が運転されて賑わったが、その後は硫酸を除く鉱石輸送がトラックに移り、貨物列車は1往復のみとなった。旅客も極めて少なく、国鉄再建法等では第一次廃止対象線区に指定された。

　第三セクターの神岡鉄道の開業は1984（昭和59）年10月1日で、当初は自社のDLが本線貨物列車を牽引したが、1996（平成8）年3月16日から本線貨物列車牽引機がJR貨物のDE10形に変更となった。1998年からは製品輸送の一部がコンテナ輸送に切り替えられたが、2004（平成16）年10月15日限りで神岡鉄道の貨物輸送は、突然廃止された。収入の大半を占めた貨物営業の廃止は、鉄道営業継続を困難とし、2006年12月1日に全廃となった。年度末ではなく、雪が積もる前の廃止と、配慮がなされた。

除雪用モーターカーながら導入当初は車籍のあった神岡鉄道DB1。2006(平成18)年に樽見鉄道に譲渡されたが、無車籍であるため本書樽見鉄道の項では記載していない。
2000.4.12　神岡鉱山前
P：寺田裕一

○DB1

　開業時に導入した除雪用ロータリー装置付き四輪内燃機関車。1984(昭和59)年新潟鐵工所製のモーターカーで、ロータリー式、ラッセル式の除雪ヘッドを各1基装備。通常は機械扱いとされることが多いタイプであるが、開業初年度は車籍を有した。

　機関はいすゞE120形(202PS)、除雪用がいすゞSMA1形(260PS)。保線用に除雪装置を外すと7,570×3,685×2,700mm・18.6tとなる。1985(昭和60)年度中に除籍されて機械扱いとなり、通常は神岡鉱山前の検修庫に収納されていた。

　2006(平成18)年11月17日に樽見鉄道に貸し出され、翌年に譲渡された。

○KM251・252

　1965(昭和40)年9月富士重工業製の25tL型機。国鉄神岡線開業に伴い、神岡鉱業所専用線用に三井金属工業が購入した。神岡鉄道開業とともに同鉄道に無償譲渡され、引き続き神岡鉱山前〜神岡鉱業所前間で使用された。機関はDMH17Sで、譲受時は250PSであった。当初KMDD131検査時は当機が重連で本線貨物列車を牽引して猪谷に乗り入れたことから280PSにパワーアップされた。

　本線牽引機がJR貨物のDE10形に変わると、以降は唯一の自社稼動機となり、貨物廃止まで車籍があった。KM252は、廃止後に中越パルプ工業高岡工場に転じた。

○KMDD131・132

　KMは「神岡My Line」を現わし、DD130は元国鉄DD13形を示す。

　KMDD131は、開業時に国鉄DD13 199を譲り受けた。1964年2月汽車会社製の後期タイプで、吹田第一機関区に配属された。廃車も吹田で、気動車と同じく、アイボリーホワイトを基調に、ブルーとオレンジ帯塗装とした。

　KMDD132は、国鉄清算事業団からDD13 340を購入して1988年9月1日に竣工した。1966年8月日本車輌名古屋工場製で、初任地は富山第一機関区、後に金沢に転じた。

　KMDE101入線前はDD130形2両で本線

元は三井金属工業が神岡鉱業所専用線で使用していた25t機を、神岡鉄道開業時に編入させたKM252。　　2000.4.12　神岡鉱業所　P：寺田裕一

開業時に国鉄DD13形を譲り受けた神岡鉄道KMDD131。新造気動車と同様の塗色とされた。　　　1993.5　奥飛騨温泉口　P：大幡哲海

貨物列車を牽引したが、KMDE101入線後は予備機となり、1995年3月31日にKMDD131は廃車となり、132の部品取り用となった。平成10年度に132の車籍も消えたが、2002年春には茶色に塗り替えられた132が神岡鉱山前への貨物輸送に姿を現した。その後は神岡鉱山前構内で留置されて廃線を迎えた。

○KMDE101

本線貨物牽引機は開業以来KMDD130形でまかなっていたが、JR四国で廃車となったDE10形2両（1005・1010）を購入し、うち1両を竣工させた。元JR四国DE10 1005で、1991（平成3）年11月27日に竣工した。もう1両の1010は部品供給車で、車籍は入らなかった。

濃紺色をベースに黄帯の塗色が異彩を放ち、約4年半、本線貨物牽引機として活躍した。1996（平成8）年3月ダイヤ改正からJR貨物のDE10形重連が神岡鉱山前まで入線するようになると、失職した。

1996年度中に除籍され、奥飛騨温泉駅構内に留置された後、2002年12月16日に奥飛騨温泉口駅舎が改築され、本社が移転すると、廃車体は駅前広場に移設された。鉄道廃止後も保存されていたが、2007（平成19）年2月に解体された。

シックな濃紺色塗色の神岡鉄道KMDE101。1991（平成3）年にJR四国からDE10形を譲り受けたもの。
2000.4.12　奥飛騨温泉口
　　　　P：寺田裕一

19

黒部川に架かる新山彦橋を渡る、DD24とDD25によるプッシュプルの旅客列車。黒部峡谷鉄道は電化されているが、非電化の引込線運転や冬季営業終了時の設備撤収用などのため、DLが配置されている。　　　　　　　　　　2023.2.23　柳橋－宇奈月　P提供：NICHIJO

33. 黒部峡谷鉄道

　富山地方鉄道本線の終点・宇奈月温泉から奥に進んだ宇奈月を起点とし、立山連峰と後立山連峰の間にえぐられた黒部峡谷を進む。トンネルは41ヶ所8,314m、橋梁は21ヶ所706mで、トンネルと橋梁が全線20.1kmのうち半数近くを占める。数少ない軌間762mmの軽便鉄道の一つで、電気機関車が客車と貨車を牽引する。通常は4月下旬から11月までの運行で、冬季は雪害を避けるために鐘釣駅上流にあるウド谷橋の線路と鉄橋を撤去してトンネルに格納する。観光客が集中する夏休み期間中は重連機関車が13両編成の客車を牽引し、沿線の関西電力関係者や資材を輸送する混合列車もある。

　地方鉄道としての開業は1953(昭和28)年11月16日であったが、専用鉄道としては、さらに古い歴史を持つ。黒部川水系の水利権を獲得した東洋アルミニウムが1926(大正15)年10月23日に宇奈月～猫又間を開業し、1928(昭和3)年10月1日に東洋アルミニウムが日本電力に吸収されたのち、黒部川第2・第3発電所建設用の専用鉄道が1937(昭和12)7月1日に欅平ま

DD22は1979(昭和54)年協三工業製の箱型機で、2012年に廃車された。
1981.8.6　宇奈月
P：寺田裕一

で敷設された。その後、電力会社の再編を経て、1951年5月1日から関西電力の経営となり、1971年7月1日に黒部峡谷鉄道として独立して今日に至る。

機関車、客車のほかに貨車の保有も多く、在籍車両数は303両に及び、大手私鉄を除くと一番多い。ディーゼル機関車は非電化の黒薙支線や発電所などの引込線への運行、停電による作業や冬季の営業終了時の設備撤去の際にも使用される。

2024年1月1日の能登半島地震で鐘釣橋が損傷したことから、2024年のシーズンは宇奈月～猫又間のみの運行とし、富山県が中心となって進めていた「黒部宇奈月キャニオンルート」の開放も2024年シーズンは断念に至っている。

2001（平成13）年日本除雪機製作所（現・NICHIJO）製のDD24。正面1枚窓の近代的な形態。　2001.7.20　P：寺田裕一

○DD22・23

ともに協三工業製の箱型機。DD22は1979（昭和54）年6月、DD23は1985（昭和60）年4月に登場した。自重15.5t、全長7.78mで、電気機関車よりも長い。

機関はいすゞE-120TGM-S（208PS）×1基搭載で、変速機メーカーはDD22の岡村製作所に対してDD23は新潟コンバーター製と異なる。正面は大型2枚窓で、窓を含む上半分が傾斜している。台車中央部に砂箱が取り付けられているのが珍しい。

DD23は2000（平成12）年5月の運転再開準備中に単独で滑走して転落事故を起こし、2000年5月12日廃車。DD22もDD25と入れ替わる形で2012年に廃車となった。

●DD24

DD23の事故廃車により急遽導入された。札幌市の日本除雪機製作所（現・NICHIJO）製の箱型機。

竣工は2001（平成13）年6月2日。正面は1枚大型窓となり、上半分の傾斜はより急になった。乗務員室は両側で、初めて冷房装備となり、乗務員扉の窓が大きい。機関はいすゞ6SD1（169.2kW）×1基搭載で、通常は宇奈月機関区で休んでいる。

●DD25

長期間使用で機関および車体各部全般に腐食損傷が甚だしく、主要部品が生産中止となって部品の調達が困難になっていた1979年製のDD22に代わるディーゼル機関車として、DD25が2012（平成24）年に協三工業で新造された。

DD22をベースとしているが、前照灯はDD24と同じく丸形から四角形に変更。制御方式はメカニカル遠心式から電子制御式に変更、また、操車係員用のステップと手摺を追加。機関はキャタピラージャパン製のC9を搭載し、変速機はTDCN22-1056、前窓は1枚の極力大きいものとし、全面熱線式となっている。

2012（平成24）年協三工業製のDD25。DD22をベースに近代化された外観となっている。
2022.11.4　宇奈月
P：寺田裕一

主に職員輸送に用いられる希少な二軸客車を牽引し、
黒部川に沿った峡谷を行く黒部峡谷鉄道DD24。
2011.11.14 柳橋―森石 P：寺田裕一

富山地方鉄道のDLはすべて除雪用で、同じ除雪用機関車でも車両により籍があるものとないもの(機械扱い)が混在していたが、本項は車籍があったもののみを取り上げる。写真は1981(昭和56)年製のDL13。　　　2016.1.10　岩峅寺　P：寺田裕一

34. 富山地方鉄道

　富山駅前の電鉄富山から稲荷町、寺田、上市、滑川、新魚津、黒部を経て、宇奈月温泉に至る本線53.3km、寺田から分岐して五百石、岩峅寺を経て立山に至る立山線24.2km、稲荷町～南富山間の不二越線3.3km、南富山～上滝～岩峅寺間の上滝線12.4kmからなる。2022年2月22日に富山ライトレール(富山港線)を合併して奥田中学校前～岩瀬浜間6.5kmも鉄道線であり、鉄道線の合計は99.7kmとなる。古くは各線で貨物営業が行われていたが、電鉄富山～五百石間の貨物輸送が1983年春に廃止されて、営業列車としての貨物列車は姿を消した。全線電化路線ではあるが、除雪用にディーゼル機関車を所有している。

●DL-1～3

　富士重工業製の軌道モーターカーTMC100形の除雪用タイプ・TMC100BS形。1963(昭和38)年1月に1・2が、1965年3月に3・5が登場した。なお同年にDL-1が加越能鉄道に転じたことから番号が繰り上がり、1～3となった。

　自重は10tだがラッセル装置を外せば7tで、保線用になる。南部縦貫DB11、北陸DL11と同形であるが、本機は正面3枚窓で後部荷台がなく、運転室が伸びている。

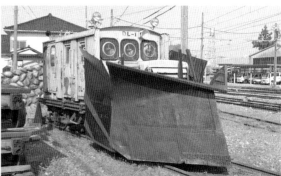

DL1は1963(昭和38)年富士重工製の除雪用モーターカー。右はラッセル装置を装着したもの。
　　　　　　　　　　　左)2013.11.4　上市／右)2014.4.13　電鉄黒部　P(2枚とも)：寺田裕一

DL2は1965(昭和40)年富士重工製の除雪用モーターカーで、DL1とほぼ同型である。　　　　2013.3.2　上市　P：寺田裕一

DL3は1965(昭和40)年富士重工製で、DL5として新製されたものが後に改番された。　　　　2013.9.28　南富山　P：寺田裕一

○DL-11・12

　新潟鐵工所製の除雪用軌道モーターカー。1970(昭和45)年1月に11、1974(昭和49)年12月に12が登場した。立山方にロータリー、富山方にラッセル装置を備える除雪専用機。除雪装置を加えると20t機で、津軽鉄道のモーターカーと同じスタイルである。
　DL11は2006(平成18)年11月15日に除籍となり、DL-12も2020(令和2)年11月に廃車となり、形式消滅した。

○DL-13

　DL-11・12よりさらに強力な除雪機として1981(昭和56)年12月に入線した。新潟鐵工所製のMCL-4形で、当初DL-81であったが、1989年2月3日に改番された。神岡DB1、福井D101は同形車であった。
　引張力が強いことから立山線の山岳区間に用いられ、冬季は岩峅寺で待機している。2024(令和6)年2月に除籍された。除籍後も機械扱いとしては存在していて、姿を留めている。

DL11は1970(昭和45)年新潟鐵工所製の除雪用モーターカー。写真はラッセル装置を装着した側。
2013.3.2　上市　P：寺田裕一

DL12は1974(昭和49)年新潟鐵工所製で、DL11・12いずれもすでに廃車とされている。　　　　2010.9.19　新魚津　P：寺田裕一

DL13は1981(昭和56)年新潟鐵工所製で、2024(令和6)年2月まで在籍していた。　　　　2013.3.2　岩峅寺　P：寺田裕一

あいの風とやま鉄道に所属するDE15 1518。当時の北陸本線(現在のIRいしかわ鉄道区間)で試運転中の姿。
2018.8.17
北陸本線美川
(隣接の公園より撮影)
P：宮島昌之

35. あいの風とやま鉄道

　北陸新幹線は上越新幹線の高崎を起点として、長野・富山・金沢・福井を経て大阪市に至る計画で建設が開始された。

　1997(平成9)年10月1日に高崎～長野間117.4kmが開業し、この時は北陸に達していないことから長野行き新幹線と呼ばれた。それから17年半、2015(平成27)年3月14日に長野～金沢間228.1kmが開業。この時、新幹線では初めて上越妙高を境にJR西日本とJR東日本と運営が分かれた。

　新幹線並行在来線に関しては、東北新幹線が盛岡から北へ延伸して以降は、第三セクターに転換されることが基本で、九州新幹線の並行区間が肥薩おれんじ鉄道一社となった以外は、通過する県単位で会社が分かれている。そのため、北陸新幹線に関しては、軽井沢～塩尻間と長野～妙高高原間がしなの鉄道、妙高高原～直江津～市振間がえちごトキめき鉄道、市振～富山～倶利伽羅間があいの風とやま鉄道、倶利伽羅～金沢間がIRいしかわ鉄道となった。

　2015(平成27)年3月14日の転換開業時にJR西日本から521系2連×16本と413系3両編成5本とDE15形2両を譲り受けた。新造の521系1000番代は2018年3月17日ダイヤ改正から第1編成が営業運転を開始し、第2編成は2020年3月、第3編成は2021年3月、第4編成は2022年3月に運用を開始。2022年度には第5・6編成が運用を開始して、増備は終了した。一方、413系のAM03編成は「とやま絵巻」として2016年8月28日から運用を開始し、AM01編成は観光列車「一万三千尺物語」として2019年4月6日より営業運転を開始した。

　その他の3編成は521系の増備に伴い、2021(令和3)年5月5日のラストランでAM04編成、2022年5月5日のラストランでAM02編成、2023年6月1日のラストランでAM05編成がそれぞれ廃車となった。

○DE15 1004・1518

　国鉄DE10形をベースに低規格線区に入線可能な除雪機関車がDE15形で、1967(昭和42)年から1981(昭和56)年に85両が新造された。

　除雪時には機関車本体の前後に2軸台車を使用したラッセルヘッドを連結する。機関車本体の基本的な構造はDE10形とほぼ同じで、ラッセルヘッド連結のための装備が設けられている。製造開始時は機関車の片側のみにラッセルヘッドを連結する単頭式であったが、折り返し時にラッセルヘッドの車体を油圧で180度回転させる必要が生じ、1976年からは機関車の両側にラッセルヘッドを連結する両頭式で製造された。

　JR西日本から、あいの風とやま鉄道に譲渡された2両はDE15 1004と1518。DE15 1004は1973(昭和48)年11月日本車輌製で、複線単頭式で登場して、複線両頭式となった。当初は敦賀第一機関区所属で、後に福井運転センター所属に異動した。

　DE15 1518は、1975(昭和50)年12月日本車輌製で、複線単頭式で登場して、複線両頭式となった。当初は敦賀第一機関区所属で、金沢運転所を経て福井運転センター所属に異動した。

　両機とも、あいの風とやま鉄道の誕生に伴い2015(平成27)年3月14日に転籍となって除雪機となった。2020年度と2022年度にENR1000形を1両ずつ導入したことから余剰となり、DE15 1004は2022年度廃車、DE15 1518は2023年4月6日にえちごトキめき鉄道に転じて直江津で展示されている。

かつては加越能鉄道の軌道線であった万葉線では、除雪用機関車として2012(平成24)年に新潟トランシス製の6000形を導入した。
2023.9.14 米島口 P：寺田裕一

36. 万葉線

　高岡駅～六渡寺間8.0kmの高岡軌道線と、六渡寺～越ノ潟間4.9kmの新湊港線（鉄道）からなるが、低床式電車が高岡駅～越ノ潟間を直通する。

　一本の路線が軌道線と鉄道線に分かれているのは歴史的な経緯からで、新湊港線は新富山～四方～新湊（現在の六渡寺）間を結ぶ富山地方鉄道射水線の一部であった。1966(昭和41)年4月15日に堀込式の港湾整備により射水線は分断され、西側の越ノ潟～新湊間が加越能鉄道に譲渡されて、今日の運行形態となった。

　東側の新富山～四方～新港東口間14.4kmの富山地方鉄道射水線は1980(昭和55)年4月1日に廃止、西側の高岡駅前～六渡寺～越ノ潟間の加越能鉄道は、2002(平成14)年4月1日に万葉線に譲渡、2014年3月29日に高岡駅前を0.1km延伸してJR高岡駅に隣接する「高岡駅」に改称して今日に至る。電化路線で低床式の電車が全線を行き来するが、デ5010形に代わる除雪車両はディーゼル機関車として新造された。

●6000

　万葉線では、デ5010形5022に雪かき装置を取り付けて冬季の除雪を行っていた。しかし、1950(昭和25)年の誕生から60年以上が経過したことから、2012(平成24)年に新潟トランシスで除雪機関車が新造された。5022は吉久電停近くで保存中。

　PS22形パンタグラフを搭載しているが、信号装置と連動するためで、積雪時の架線の雪を取り払うことが目的であり、通電はしない。凸型に近い形状で、デッキと運転台出入口が高岡駅側に設けられ、ディーゼルエンジンを越ノ潟方に搭載している。

　導入に当たっては、社員数名が乙種内燃車の動力車操縦者運転免許を取得した。電動の除雪車を新造するとなると、相当に高額となることから、ディーゼル機関車とした。

万葉線では電車のデ5010形で除雪を行っていたが、老朽化によりディーゼル機6000が導入となった。
2022.2.26 米島口 P：寺田裕一

北陸鉄道に在籍したDLはいずれも除雪用機関車であった。DL31は1963（昭和38）年新潟鐵工所製の除雪車を国鉄から譲り受けたもの。
2005.1.8　鶴来　P：寺田裕一

37. 北陸鉄道

　戦時中の1943（昭和18）年10月13日、鉱石輸送のウェイトが高かった尾小屋鉄道を除く石川県下の中小の鉄軌道を中心とする陸上交通事業者が合併して北陸鉄道が誕生。最盛期の鉄軌道事業の営業距離は144.1kmにも達した。しかし、貨物輸送は電車や電動貨車が貨車を牽引することが多く、本格的な電気機関車は元金沢電気軌道石川線のデキ1だけであった。

　戦後にはED301をはじめとする電気機関車が加わって活躍し、貨物輸送量は1964（昭和39）年度に全線で年間40万tにも達した。しかし、鉄道廃止への歩みは早く、1967年2月11日金沢市内線全廃、1971年7月11日加南線全廃、同年9月1日金石線全廃、1972年6月25日能登線全廃、その後も能美線、金名線、小松線、石川線鶴来〜加賀一の宮間が廃止となり、2009年11月1日以降の鉄道線は、石川線野町〜新西金沢〜鶴来間と浅野川線北鉄金沢〜内灘間のみとなっている。浅野川線貨物は1972年4月1日、石川線貨物も1976年4月1日に廃止となり、浅野川線に機関車在籍はない。石川線の機関車は冬季の除雪用で、1993（平成5）年4月1日当時は2両、今日でも1両の在籍がある。

　なお、石川線は存廃問題が起こったが、バスの乗務員不足の問題もあって、2023年夏に存続が決定した。豪雪地帯を走る金名線が健在の時には除雪用ディーゼル機関車が在籍したが、廃止後は役割を終え、2007年10月に除籍となった。

◯DL1

　1966（昭和41）年富士重工業製の軌道モーターカー・TMC100BS。富山地方鉄道DL-1〜DL-3は同形機だが、当機は側面がガラス張りになっている。

　保線用貨車牽引や除雪にも使用されていたが、晩年は7000系の検査入場時の入換用であった。2007（平成19）年10月に除籍となった。

◯DL31

　1978（昭和53）年国鉄金沢保線区から払い下げを受けたロータリー式除雪車。1963年新潟鐵工所製で、野町方にラッセルヘッド、反対側にロータリーヘッドを持った。富山地方鉄道DL-11・12と同系だが、走行用機関はいすゞDA（120PS）と弱く、キャブも小型。豪雪地帯の金名線で活躍したが、休廃止後は活躍の機会が減り、鶴来の車庫で休んでいることが多かった。

DL1は1966(昭和41)年富士重工製の軌道モーターカーで、富山地方鉄道DL1～3の同型機であった。　2009.10.31　鶴来　P：寺田裕一

1978(昭和53)年に国鉄から譲り受けたDL31。主に金名線で使われたが、晩年は活躍の場は少なかった。　2008.11.3　鶴来　P：寺田裕一

福井鉄道は電化路線であるが、1981(昭和56)年豪雪の教訓により翌1982年にD100形除雪車が導入された。晩年と除籍後の現在は赤塗装となっている。
2021.1.23 北府
P：寺田裕一

38. 福井鉄道

　福井鉄道福武線は、福武電気鉄道によって1924(大正13)年2月23日に武生新(現在のたけふ新)～兵営(現在の神明)間が開業し、1933(昭和8)年10月15日に軌道による福井駅前(現在の福井駅付近)乗り入れを果たした。開業当初は電動貨車や電車が貨車を牽引し、デキ1が登場したのは1935年であった。福武電気鉄道は1941(昭和16)年7月に非電化の南越鉄道(社武生～戸ノ口間)を合併し、1945(昭和20)年8月1日に鯖浦電気鉄道と合併して福井鉄道となった。

　南越線の電化は1948(昭和23)年3月1日、鯖浦線と福武線の線路がつながったのは1947年であった。これにより鯖浦線貨物は従来の鯖江中継から福武線経由武生に変わり、1950年にデキ2が増備された。昭和30年代の全線貨物輸送量は年間20万tを超え、武生新～福井新(現在の赤十字前)間大和紡績貨物や、武生新～西武生(現在の北武)間タンク車、鯖浦線や南越線でも多かった。

　南越線貨物は長らく電車牽引であったが、1975(昭和50)年にデキ3が入線した。鯖浦線は1973年9月に全廃、福武線貨物も1979年10月に廃止、最後に残った南越線社武生～五分市間福井化学工業貨物も1981年4月1日の南越線全廃で幕を閉じた。全線電化路線の福井鉄道にディーゼル機関車が導入されたのは、冬季の鉄道線での除雪用であった。

○D100形(D101)

　1982(昭和57)年10月新潟鐵工所製のMCL-4。1981年の「五六豪雪」では積雪による障害が生じ、その対策として導入された。貨物輸送の終了で活躍の場を失った電気機関車も除雪用となったので、ラッセルヘッドを装着したまま西武生(現在の北武)の車庫で休んでいることが多かった。神岡鉄道から長良川鉄道に転じた時点で機械扱いとなったDB1、富山地方鉄道DL31と同形で、塗色が赤色になった経緯もあったが、2020(令和2)年度に除籍となった。

D101は1982(昭和57)年10月新潟鐵工所製。　　　　　　2008.1.6／(右)2010.2.21　西武生　P(2枚とも)：寺田裕一

現在はハピラインふくいに所属するキヤ143-5。写真は当時の北陸本線（現在のIRいしかわ鉄道区間）で試運転中の姿。
2022.11.11
美川―小舞子
P：宮島昌之

39．ハピラインふくい

　北陸新幹線金沢～福井～敦賀間125.1kmが2024（令和6）年3月16日に開業し、東京から見ると、北陸新幹線は北陸地方を貫き、福井県に到達した。

　これにより、JR西日本が経営する北陸本線は米原～敦賀間のみに変わり、新幹線並行在来線では、敦賀～福井～大聖寺間のハピラインふくいが開業し、IRいしかわ鉄道大聖寺～金沢間が延伸された。

　ハピラインふくいは、敦賀から、武生、鯖江、福井、芦原温泉を経て大聖寺までの84.3kmを営業する。当初は北陸新幹線金沢～敦賀間の延伸は2023年春の予定で、2019年8月13日に準備会社が設立された。社員採用の応募は2019年9月から受け付け、2020年4月に第1期の社員が入社した。新幹線金沢～敦賀間の開業が2024年春に1年順延されることの公表は2020年12月で、並行在来線の開業も1年先送りとなった。当初は、福井県並行在来線準備株式会社と、杓子定規というか実態をそのまま表現した社名であったが、2022年7月に鉄道線の愛称が、ハピラインふくいに決まると、会社の社名もそのように変更がなされた。株式会社が前付けであるのが、鉄道会社としては珍しい。

　敦賀はJR西日本が所有し、大聖寺はIRいしかわ鉄道が所有する。車両はJR西日本から521系2両編成16本を譲り受け、朝夕ラッシュ時に4両編成、その他は2両編成で使用する。除雪用の車両もJR西日本から譲り受けている。2両編成はワンマン運転を基本とする。

　ハピラインふくいの営業区間に相当する令和元年度輸送密度は5,571人/km日で、令和6年度から16年度の11年間の累計の赤字額は70億円とみていて、その分の経営安定基金を県と沿線自治体に割り振っている。社員配置駅は敦賀、武生、鯖江、福井、芦原温泉の5駅、業務委託駅が、今庄、南条、森田、春江、丸岡の5駅で、その他8駅を駅員無配置としている。

●キヤ143-5

　JR西日本が除雪用に新潟トランシスで新造した。2014（平成26）年2月27日にキヤ143-1が、3月18日にキヤ143-2が敦賀地域鉄道部敦賀運転センターに新製配置された。

　続けて2016（平成28）年は10月19日にキヤ143-3が福知山電車区豊岡支所に、11月1日にキヤ143-4が後藤総合車両所に、11月14日にキヤ143-5が敦賀地域鉄道部敦賀運転センターに配置された。

　さらに2017年には2月13日にキヤ143-7が後藤総合車両所に、2月27日にキヤ143-6が敦賀地域鉄道部敦賀運転センターに、3月15日にキヤ143-8が後藤総合車両所に、3月21日にはキヤ143-9が敦賀地域鉄道部敦賀運転センターに配置された。

　除雪目的であることから、台枠に鋼製厚板を採用。乗務員室は、両先頭部から4m程度を確保し、運転士と除雪作業員の滞在スペースとして隔離防水されている。車体の中央部は機関室で、エンジン、変速機、ラジエーターが配置され、外部塗装は朱色4号を単色塗装している。

　エンジンは小松製作所製のSA6D140HE-2（450PS）を2台搭載し、ブレーキシステムはキハ189系と同じ電気指令式、台車は新潟トランシス製のWDT68形を装備している。

　2024（令和6）年3月16日のハピラインふくい開業時にキヤ143-5が転属となった。

キリンビール滋賀工場専用線での貨物輸送のために在籍していた近江鉄道DD451。1974(昭和49)年に小名浜臨海鉄道から譲渡されたが、活躍は約10年で終了した。
1989.2.9　彦根　P：寺田裕一

40. 近江鉄道

　東海道本線の米原、彦根から分岐して八日市を経て貴生川に至る近江本線、高宮から分岐して多賀大社前に至る多賀線、近江八幡から分岐して八日市に至る八日市線からなる。

　近江本線の歴史は古く、1898(明治31)年6月11日に彦根～愛知川間が軌間1,067mmの蒸気鉄道として開業し、1900年12月28日に貴生川に達した。参詣路線として賑わいを見せたのは1914(大正3)年3月8日開業の多賀線で、近江鉄道は多賀大社と伊勢神宮を結ぶ路線として脚光を浴びた。電気運転は1925(大正14)年3月12日に彦根～多賀(現在の多賀大社前)間が600V電化し、全線の電化には多額の資本を要することから、1926(大正15)年10月1日に宇治川電気の系列となった。1928(昭和3)年4月18日に多賀線を含む全線の1500V電化が成り、1931(昭和6)年3月15日に米原～彦根間が開業した。戦時中に電力会社の鉄道兼営が禁じられると、近江鉄道は地元出身の堤康次郎に助けを求めて1943(昭和18)年5月10日に箱根土地の傘下となった。

　旅客の漸減状態を支えたのは、彦根～多賀間のセメント原石輸送とキリンビール輸送、近江八幡～新八日市間の一般貨物輸送を中心とする貨物輸送で、運輸収入の20％近くを占め、1972(昭和47)年度の貨物輸送量は133万tに達した。しかし国鉄貨物縮小が起こると、頼みの綱であった貨物輸送量も激減。1988年3月12日には鳥居本～彦根間に残っていた石油タンク輸送が廃止になって、貨物輸送が消滅した。電気運転の近江鉄道にディーゼル機関車が在籍していたのは、キリンビール滋賀工場輸送で多賀(現在の多賀大社前)～キリンビール滋賀工場間の牽引に当たっていたため。キリンビール滋賀工場輸送は1984年10月1日にトラック輸送に変わり、ディーゼル機関車は役目を終えた。役目を終えた後も現車は長らく彦根で留置されていた。

　近江鉄道は、2016(平成28)年に「単独経営での運営は困難」と滋賀県に申し入れた。県は沿線自治体と協議を重ね、2024年度から上下分離方式への移行が決まった。沿線自治体が鉄道施設を保有管理し、近江鉄道は運行に専念している。

○DD451

　1963(昭和38)年3月に富士重工業宇都宮製の45t凸型機。DMH-17SB(300PS)×2基搭載で、ロッド式。小名浜臨海鉄道(現在の福島臨海鉄道)DD451として誕生し、本線貨物牽引に活躍した。

　小名浜では1966・1970・1973年に500PS×2基搭載の55t機を新造していて、余剰となったことから1974(昭和49)年1月に近江入りした。1974年3月1日から始まったキリンビール滋賀工場輸送の牽引機として活躍を開始し、キリンビール滋賀工場輸送終了後は仕事がなくなったが、車籍は残った。2004(平成16)年に彦根駅東口開設工事が進むと留置車両の淘汰がなされ、当機も姿を消した。

嵯峨野観光鉄道の開業用にJR西日本から譲り受けたDE10 1104。トロッコとともに独自の塗色をまとい、キャブ側面にエンブレムが取り付けられている。
2010.2.28　トロッコ嵯峨
P：寺田裕一

41. 嵯峨野観光鉄道

　JR山陰本線嵯峨（現在の嵯峨嵐山）〜馬堀間は、1989（平成元）年3月5日に別線ルートで複線電化が成った。この旧線区間の施設を活用してトロッコ列車の運行を開始したのが嵯峨野観光鉄道で、JR西日本の100％出資子会社である。

　嵯峨野観光鉄道としての開業は1991（平成3）年4月27日で、JR西日本からDE10 1104を譲り受け、トキ25000形改造のトロッコ客車4両が用意された。当初予想は年間輸送人員22万人であったが、毎年60〜70万人が利用する人気路線となり、1998年には客車1両が増備された。

　2013（平成25）年には年間の乗客数が100万人を超え、2015年には123万人を記録した。国外からの団体客の利用も多く、2015年には乗客の約1/3を外国人が占めた。新型コロナウイルスの流行で外国人が減ると乗客数は大きく減少し、2022年4月以降は運賃を全線均一で880円（小人440円）に改定している。

　列車は通年3月1日から12月29日までの運行で、水曜運休を原則とする。但し、水曜日が休日の場合と、春休み、ゴールデンウイーク、11月の行楽シーズンは毎日運行される。

　機関車は付け換えを行わずに上り・下り列車ともにトロッコ嵯峨方に連結される。トロッコ嵯峨10時02分発から1時間ごとに16時02分発までの7往復が基本で、多客時には前後に増発が行われる。開業当初は半数以上の列車がトロッコ嵐山発着であったが、1994（平成6）年から全列車がトロッコ嵯峨発着に変わっている。沿線風景を楽しめるよう時速20km/h程度での低速走行を行い、全線に下り23分、上り26分を要する。

●DE10 1104

　JR西日本福知山運転区所属のDE10 1104を開業に合わせて譲り受けた。入線に当たっては鷹取工場で塗色変更とATSの交換（S形→SW形）がなされた。塗色は客車に準じたもので、前面と運転台側面にはエンブレムが取り付けられている。

　当初は列車の前後に機関車を連結するプッシュプル方式も検討されたが、トロッコ亀岡方先頭車を制御客車とすることにした。トロッコ亀岡行き列車は、SK200-1制御客車の運転台から制御される。

トロッコ牽引の予備機として用いられるJR西日本所属のDE10 1156。嵯峨野観光鉄道の籍はないものの、DE10 1104と塗色が揃えられている。
2012.9.2　トロッコ嵯峨ートロッコ嵐山
P：寺田裕一

1962(昭和37)年川車製の水島臨海鉄道DD505。50t凸型センターキャブ機で、2013(平成25)年に廃車された。
2005.8.27　倉敷貨物ターミナル　P：寺田裕一

42.　水島臨海鉄道

　水島臨海鉄道の前身は、1943(昭和18)年6月に使用を開始した三菱重工業水島航空機製作所の専用鉄道で、鉄道省の蒸気機関車が客車と貨車を牽引して乗り入れた。戦後、専用鉄道の管理は、三菱地所、水島工業都市開発へと移り、水島工業都市開発時代の1948年8月に地方鉄道改組、倉敷市の経営となったのは1952年4月、国鉄と地方自治体・進出企業の共同出資＝いわゆる臨海鉄道方式の水島臨海鉄道となったのは1970年4月であった。

　水島都市開発時代は5両(うち1両は借入)の蒸気機関車が稼働し、1953年にDC501、1956年にDC502、1958年にDD503が新造されると、蒸気機関車は全廃となった。1961年にDD504、1962年にDD505を増備。1966年にDD506が入線するとDC501と502は別府鉄道と茨城交通に転じた。1968年2月にDD501、1971年4月にDE701が入線するとDL在籍は6両となった。水島臨海鉄道となった当初は年間100万t以上の貨物を輸送していたが、全国的な鉄道貨物退潮から令和3年度は329,875tにまで落ち込んでいる。本線牽引機はJR貨物の機関車も乗り入れていて、自社の車両でJRに直通するのは1両だけとなっている。

　DE701は50年以上主力機として活躍したが、2021年7月にDD200-601が登場し、その交代にDE701は運用を離脱した。DD501とDD506は入換と小運転用だが、DD503～505は既に廃車となっている。

DD501は1968(昭和43)年日立製の50t凸型センターキャブ機で、DD506の次に製造されたものの、生じた空番を埋めるために501に遡った。
2014.12.6
倉敷貨物ターミナル
P：寺田裕一

DD501は製造後半世紀以上が経過したものの、現在でも車籍が残る。　　　　　　2013.7.12　倉敷貨物ターミナル　P：寺田裕一

○DD505

1962(昭和37)年2月に川崎車輌で新造された。機関はDMH17S(250PS)×2基搭載で、ボンネット中央にヘッドライト2灯が並ぶ。1961年4月製のDD504とはほぼ同形であったが、505は連結器部の垂れ下がりが短い。

504が1991(平成3)年10月25日に廃車となった後も現役で、倉敷貨物ターミナル～東水島間の小運転に使用されたが、2013(平成25)年度に廃車となった。

●DD506・501

DD506は1966(昭和41)年6月、DD501は1968(昭和43)年2月、ともに日立製作所で新造された。番号が飛んでいるものの同形機で、DD506の入線後にDC501・502が別府鉄道と茨城交通に転じたことから

501が空番となり、506の次が501となった。

ともにDMF31SB(500PS)×1基搭載の50t凸型機で、ヘッドライトが離れて近代的なスタイルとなった。2両とも入換機・小運転貨物列車牽引として車籍が残ったが、DD506は2023(令和5)年2月28日に廃車となり、DD501のみ車籍が残る。

○DE701

国鉄DE11形と同形の本線牽引機で、1971(昭和46)年4月川崎重工業製の70tセミセンターキャブ式の凸型機である。DML61ZA(1250PS)×1基搭載で、当時の私鉄DLとしては最大級のパワーであった。

DE11形はDE10形を母体に死重搭載して軸重を14tとし、国鉄では1968年から製造が始まった。AAA-B形の車軸配置で、液体変速機は本線牽引・入換両用と

DD506は1966(昭和41)年日立製の50t凸型センターキャブ機。2023(令和5)年に廃車となった。

2013.7.12
倉敷貨物ターミナル
P：寺田裕一

1971(昭和46)年川重製のDE701は、国鉄DE11形と同型の新造機。2023(令和5)年に廃車された。
2015.10.12
倉敷貨物ターミナル
P：寺田裕一

して高速段・低速段の切り換え可能になっている。当機は竣工と同時に本線牽引機として西岡山貨物(現在の岡山貨物ターミナル)への乗り入れを開始した。このことから運転席には自社線用列車無線とJR用のCタイプ列車無線機・防護無線装置が設置されていた。当機の全般検査は、国鉄時代は鷹取工場、JR発足後はJR貨物広島車両所で施行された。

DD200-601の登場により代替わりとなり、2023(令和5)年1月末で廃車となった。

●DD200-601

JR貨物DD200形と同形の本線牽引機。2021年川崎重工業製で、5月19日に倉敷貨物ターミナルに到着し、6月2日に入籍、7月2日に運用を開始。9月からDE701に替わって岡山貨物ターミナル乗り入れを開始している。セミセンターキャブ式の凸型機で、機関はFDML30Z(1217PS)×1基搭載、私鉄のDD200形としては初登場で、京葉臨海鉄道DD200-801は約1ヶ月違いで遅れた。

DD200形はJR貨物がDE10・11形の後継機主として2017年から川崎重工業で製造している。メンテナンス面で問題のあった3軸台車を廃止し、B-B形配置で保守に配慮している。車軸数を減らしたが軸重はDE11形の14tとほぼ同じの14.7tで、ローカル線での運用を可能にしている。駆動系はDF200形で経験を積んだディーゼル・エレクトリック方式とし、コマツ製SAA12V140E-3型ディーゼルエンジンをFDML30Zとして採用。車体の1エンド側には内燃機関及び主発電機、主電動機を搭載、2エンド側には補助電源装置、主変換装置を搭載。制御関係の電機品は三菱電機が担当している。運転室内構造はDE10・11と同様に、運転台が横向きに対面式で配置されている。

2021(令和3)年川重製の最新鋭機DD200-601は、その車番が示す通りJR貨物DD200形の同型機で、同形式の私鉄導入機としては最初のものである。
2021.9.19　P：寺田裕一

松山城をバックに走る伊予鉄道の観光列車「坊ちゃん列車」。明治時代に同鉄道で活躍した蒸気機関車をモデルとしたディーゼル機関車に牽かれるレプリカ車両で、2001(平成13)年に運転が開始された。
2014.7.26 県庁前－市役所前　P：寺田裕一

伊予鉄道の名所となっている、鉄道線と軌道線との複線平面クロスを14号機に牽かれた「坊っちゃん列車」が行く。
2017.4.28　大手町　P：寺田裕一

43. 伊予鉄道

　伊予鉄道の歴史は、1888(明治21)年10月に松山(現在の松山市)〜三津間が軌間762mmの蒸気鉄道として開業したことに始まる。この時に登場したのが、刺賀商店を通じてクラウス社から購入した1888年製1・2号機で、1892年に3・4号機が増備された。高浜線は1931年5月に1,067mm改軌・電化を行い、横河原線は同年10月に、郡中線は1937年に1,067mm改軌のみ行った。この時点で1〜4号機は1,067mm改軌がなされた。

　郡中・横河原線の電化は戦後で、郡中線が1950年5月、横河原線は1953年からの内燃機関車牽引を経て、1967年10月に電化となった。1号の廃車は1953(昭和28)年、蒸気機関車全廃は1956年であった。

　1号機は廃車後、道後公園に展示され、1965年3月に愛媛大学から返還を受けた3号機の部品を使って修復がなされて保存場所を梅津寺パークに移した。夏目漱石が松山赴任時に利用して小説に登場した「坊っちゃん列車」が、松山観光の目玉として、松山市内線に登場したのは2001(平成13)年10月12日で、1号機のレプリカであるD1他が客車を牽引して市内を走る。

　この坊っちゃん列車は、人手不足を理由に2023(令和5)年11月1日から運休となったが、2024年3月20日から復活している。

「坊っちゃん列車」はディーゼル動力だが、運行上必要な列車位置検知のため、客車に取り付けられたビューゲル状の装置を上げて、架線に設置されたトロリーコンタクターを作動させる必要がある。
2013.7.14　南堀端　P：寺田裕一

機関車の方向転回は、自車に備え付けの油圧ジャッキで車体を線路から浮かせ、人力で回転させる。
2018.3.25　松山市駅　P：水野宏史

D1号を先頭にした「坊ちゃん列車」。2001(平成13)年新潟鐵工所製で１号機をモデルにしたレプリカである。客車は２軸車が２両連結される。
2011.6.11　松山市駅前　Ｐ：寺田裕一

●D1・D14

　D1は2001(平成13)年10月新潟鐵工所製。１号機のレプリカで、蒸気機関車のボイラーにあたる部分を機関室とし、駆動用エンジン、ブレーキ部品、煙発生装置を収めている。２軸駆動であるがエンジンにより駆動されるのは前輪だけで、リンクにより駆動力を後輪に伝達。燃料は環境に配慮して低硫黄軽油を使用する。

　D14は2002(平成14)年８月新潟鐵工所製。1908(明治41)年クラウス社製で1956年廃車の14号機のレプリカである。運転席正面窓は円形、煙突は漏斗形で、2002年８月８日から運行を開始している。

D14号を先頭にした「坊ちゃん列車」。2002(平成14)年新潟鐵工所製で、こちらのモデルは14号機である。客車はやや大型の２軸車が１両連結される。
2014.7.26　県庁前－市役所前　Ｐ：寺田裕一

39

門司港レトロ観光線は、かつて田野浦公共臨港鉄道として運行されていた専用線の線路跡を転用、観光用のトロッコ列車を走らせているもので、平成筑豊鉄道が運行を行っている。機関車を前後に付けたプッシュプル運転が基本。
2017.7.16　ノーフォーク広場－出光美術館　P：寺田裕一

44. 平成筑豊鉄道 門司港レトロ観光線

　門司港駅に隣接する九州鉄道記念館から、関門海峡めかりまでの間2.1kmで、北九州市が施設を所有する第三種鉄道事業者、平成筑豊鉄道が車両を所有し営業を行う第二種鉄道事業者である。
　2009(平成21)年4月26日に営業を開始、山口銀行がネーミングライツを取得し「やまぎんレトロライン」と命名されたが、同銀行の九州内の店舗が北九州銀行に継承されたことから、2011(平成23)年11月3日より「北九州銀行レトロライン」に改称されている。
　路線としての開業は1929(昭和4)年2月13日に門司築港(1943年12月に門築土地鉄道に改称)により門司(現在の門司港)～門築大久保間が貨物専業で開業し、1930年4月1日に途中に外浜が開業して門司～外浜間は鉄道省鹿児島本線の貨物支線となった。
　1960(昭和35)年4月15日に外浜～大久保間は門築土地鉄道から門司市営(1963年2月10日からは北九州市営)田野浦公共臨港鉄道となり、1987年4月1日の国鉄民営化では国鉄部分はJR貨物が引き継いだ。田野浦公共臨港鉄道部分もJR貨物が実質的に営業を行ったが、1999年5月27日にJR貨物外浜駅の側線として認可がなされる。

　JR貨物外浜駅とその側線はその後も貨物営業を行うが、2004(平成16)年3月25日に貨物列車の運行がなくなり、2005年10月1日に休止、2008(平成20)年9月5日に廃止となった。ただ休止と廃止は手続き上のことで、2008(平成20)年3月13日に平成筑豊鉄道と北九市から事業許可の申請が行われ、同年6月4日、常設の普通鉄道として特定目的鉄道の制定後初の事例として事業許可を受けた。
　当初は土休日及び夏休み期間中の運行で、2010(平成22)年3月13日からは1往復増発して1日14往復となった。2024年の運行は年末年始を除く土休日中心の運行で、11往復を基本とする。

機関車は南阿蘇鉄道より購入したDB10形で、101と102の2両が前後で使用される。　2011.6.12　P：寺田裕一

「潮風号」の愛称が付けられた平成筑豊鉄道「門司港レトロ観光線」の列車。　　　　　2009.5.6　出光美術館－ノーフォーク広場　P：寺田裕一

●DB10形（101・102）

　南阿蘇鉄道において、国鉄と水資源公団が所有していた機械扱の動力車を購入し、車両として申請した。名義上は1986（昭和61）年7月協三工業製。機関出力は112PSで、入換用であった歯車比を変え、貫通制動機を備え、電連を引き通して総括制御可能とした。

　また、車輪径を大きくして時速15km/h程度であった速度を時速25km/hとしたものの、それでも気動車との速度の差は埋めがたく、2007（平成19）年にDB16形に役割を譲って平成筑豊鉄道に移籍し、門司港レトロ線の開業時から主力機としてプッシュプルで元島原鉄道の貨車改造客車を牽引している。

　南阿蘇鉄道時代は茶色塗装であったが、門司港レトロ線ではオリエント急行をイメージした青色基調に改められている。2013（平成25）年2月1日にエンジンが日野DS50からキャタピラーC6.6に更新された。

機関車も貨車を改造した客車もすべて2軸車。九州の突端、関門海峡に近いエリアを回遊するように走る。
　　　　　　　　　　　　　　　　　　　　　　　　　2015.5.2　関門海峡めかり－ノーフォーク広場　P：寺田裕一

島原鉄道D37形は1968(昭和43)年川車製の新造機で、37t凸型センターキャブ機。写真のD3703は雲仙普賢岳噴火による路線復旧時に活躍した後、2000(平成12)年に廃車された。
1980.7.29 南島原
P：寺田裕一

45. 島原鉄道

　島原鉄道は1908(明治41)年5月5日設立の古い歴史を持ち、1913(大正2)年9月24日に諫早～島原湊(現在の島原船津)間が全通した。創業時の1号機は、1871年、英国バルカンハウンドリー製の1Bタンク機で、新橋～横浜間開業時の1号機であった。

　島原湊から先は傍系の口之津鉄道による開業で、1928(昭和3)年3月1日に加津佐までが全通した。島原鉄道が口之津鉄道を合併したのは戦時中の1943(昭和18)年7月1日で、島原鉄道の蒸気機関車は10両となった。

　戦後はC12形5両を新造して輸送の効率化に努め、ディーゼル機関車の導入は1968年と遅く、蒸気機関車全廃は1968年6月8日であった。貨物輸送量は昭和35(1960)年度の18.0万tがピークで、昭和51(1976)年度に10万tを割り、昭和58(1983)年度は2.5万tにまで落ち込んだ。1984年2月1日の国鉄貨物大幅削減とともに諫早駅の貨物取扱が廃止になり、島原鉄道の貨物営業も廃止になった。これによりディーゼル機関車は3両のうち2両が廃車となった。残る1両は思わぬところで活躍の場を得た。

　1991(平成3)年6月3日、雲仙普賢岳の大火砕流発生によって43名の命が奪われ、南島原～布津間が不通となった。その翌日から復旧に向けての動きが始まり、ようやく運転を再開しては再び運休、これが3度繰り返された後、1993年4月28日、今度は水無川で大土石流が発生、700mにわたってレールが土砂に埋まり、道床は流され、復旧の目途は立たなくなってしまった。県や建設省との折衝の結果、路盤を嵩上げして高架橋を設けることが決定して、1997年4月1日に全通した。この復旧工事に大車輪の活躍を見せたのがD3703であった。

　全線運転再開後は元JR貨物トラ70000形を改造したトラ700形による復興列車の運転を開始するなど観光客の利用促進にも注力したが、南島原(現在の島原船津)以南の利用客は伸び悩み、島原外港(現在の島原港)～加津佐間は2008(平成20)年4月1日に廃止に至った。

　残る諫早～島原～島原港間は運転本数を増やして利用促進に努めたが、乗客は増えず、会社は2018年1月に長崎自動車の傘下となった。また急行運転も2022年9月23日改正から姿を消している。

○D3701～3703

　蒸気機関車C12形を置き換えるため1968(昭和43)年1月にD3701～3703が川崎車輌で新造された。37t機で、エンジンや変速機は気動車と同じ系列品を用いた。長らく貨物列車の牽引機として活躍したが、1984年2月1日の貨物廃止で3701・3702が休車となり、1988年5月12日廃車。D3703のみ、時折工事列車を牽引していたが、雲仙普賢岳噴火による不通区間の復旧工事で大活躍し、存在感を見せつけた。2000年2月3日に廃車となった。旧安徳～瀬野深江間の「さくらパーク」で保存されている。

D37形は3両が製造されたが、1984(昭和59)年の国鉄諫早駅貨物取扱廃止に伴う島原鉄道貨物営業廃止によりD3701と3702が引退、3703は2000年まで生き残ったうえ、かつての沿線地区に静態保存された。　　　　　　　　　　　　　　　　1980.7.29　西郷　P：寺田裕一

2016(平成28)年の熊本地震での被災後、復旧が進み2023年7月に全線開通した南阿蘇鉄道。観光列車「ゆうすげ号」は前後にDB16形機関車が連結される。　　　　　　　　　2015.4.30　阿蘇下田城ふれあい温泉－南阿蘇水の生まれる里白水高原　P：寺田裕一

モーターカーを車籍編入したDB10形が牽引する初代のトロッコ列車。現在は前述の「門司港レトロ線」に移籍している。
1986.10.17　高森　P：寺田裕一

46. 南阿蘇鉄道

　豊肥本線立野を起点とし、南阿蘇の火口原を進んで高森に至る。1928(昭和3)年2月12日に開業した国鉄高森線の転換を受けて1986(昭和61)年4月1日に開業した。

　国鉄再建法による基準期間(1977～1979年)の輸送密度は1093人/km日と低水準で、熊本県はバス転換の意向を示したものの、地元は鉄道としての存続に固執。結局、甘木鉄道と同じく県の出資はなく、沿線町村が資本を出し合って南阿蘇鉄道が設立された。資本金1億円のうち99％以上が沿線及び関係自治体で、まさしく「町村営鉄道」となっている。

　開業時に新潟鐵工所製の軽快気動車MT2000形3両が登場し、開業の年の夏、1986年7月にDB10形2両とトラ7000形2両を導入し、トロッコ列車の運転を開始した。トロッコ列車は、無蓋貨車に布製の屋根を取り付けただけの野趣あふれる姿であったが、2007(平成19)年春から牽引機はDB16形に、貨車改造客車も旅客用ドアを自動化し、雨除け窓を設置し、座席が交換され、2007年5月からはTORA200形1両が北陸重機で新造されている。

　DB16形が牽引するようになってから約10年の2016(平成28)年4月14日に熊本地震が起こり、全線が運転見合わせとなる。地震に因る被害が比較的軽微であった中松～高森間の運転再開は2016年7月31日で、中松～高森間のみ運転は、約7年間続いた。全線の運転再開に向けて2023(令和5)年3月10日に鉄道事業再構築実施計画の認定を受け、4月1日から南阿蘇鉄道が旅客営業を行う第二種鉄道事業者、南阿蘇鉄道管理機構が施設を保有する第三種鉄道事業者という上下分離方式に移行。そして、2023年7月15日に全線の運転を再開し、朝の2往復は肥後大津に乗り入れるようになった。

モーターカー由来のDB10形は気動車との速度差が大きく、2007(平成19)年にDB16形に交代された。
1986.10.17　高森　P：寺田裕一

鉄道線では最も長い駅名として知られる「南阿蘇水の生まれる里白水高原」駅に停車するトロッコ列車「ゆうすげ号」。
2009.5.2　南阿蘇水の生まれる里白水高原　P：寺田裕一

○DB10形（101・102）

　国鉄と水資源公団が所有していた機械扱の動力車を購入し、車両として申請した。名義上は1986（昭和61）年7月協三工業製。機関出力は112PSで、入換用であった歯車比を変え、貫通制動機を備え、電連を引き通して総括制御可能とした。

　また、車輪径を大きくして時速15km程度であった速度を時速25kmとした。春～秋にトロッコ列車として、全線を気動車列車の倍の1時間程度で走行したが、気動車との速度の差は埋めがたく、2007（平成19）年にDB16形に役割を譲って平成筑豊鉄道に移籍し、門司港レトロ線で主力機として活躍している。

●DB16形（1601・1602）

　2007（平成19）年北陸重機工業製の凸型機。2両の間に客車を挟み、総括制御が可能で、プッシュプルで走行する。

　DB10形のイメージを引き継ぎつつ茶色塗装を採用。機関は日産ディーゼル工業製PF6TA14（330PS）で、最高時速は49kmまでアップして気動車列車との速度差を締めている。

　客車列車は、3月中旬から11月末もしくは12月初旬の土休日の運行を原則としているが、春休み、ゴールデンウイーク、夏休み期間は連日の運行となる。九州の現役機として貴重な存在である。

2007年よりDB10形に代わりトロッコ列車牽引にあたるDB16形（1601）。
2016.9.24　中松　P：寺田裕一

DB1601と組んでプッシュプル運転を行うDB1602。
2008.5.1　中松　P：寺田裕一

■私鉄内燃機関車一覧表（西日本編）

作成：寺田裕一

	会社名	形式	番号	両数	最大寸法(mm) 長さ	高さ	幅	自重(t)	機関 形式	出力(ps×個)	製造 年月	製造所	竣工 年月日	前所有社・番号	改造 年月	改造 内容	廃車 年月日
29	樽見鉄道	TDE10	101	1	14,100	3,946	2,900	65.0	DML61ZB	1,350×1	1984.9	日本車輌	1984.9.1	（新造）			2005.10.26
			102	1	〃	〃	〃	〃	〃	〃	1975.9	汽車	1984.9.4	衣浦臨海KE652			2006.6.22
			105	1	〃	〃	〃	〃	〃	〃	1969.11	汽車	1988.4.10	国鉄清算事団DE10 149			2007.4.28
		TDE11	113	1	〃	〃	〃	〃	〃	〃	1969.1	川崎車輌	1992.9.20	西濃DE10 502			2007.2.22
		D101	101	1	11,250	3,630	2,725	45.0	DMH17S	250×2	1962.9	日立	1984.10	住友大阪セメント101			2006
		D102	102	1	10,700	3,600	2,700	35.0	DMH17C	180×2	1962.7			住友大阪セメント102			2006
30	西濃鉄道	DD40	402	1	11,000	3,750	2,650	40.0	12D-120LT	520×1	1969	三菱	1969	（新造）			2023.2.6
			403	1	〃	〃	〃	〃	〃	〃	1972	三菱	1972	（新造）			—
		DE10	10 501	1	14,150	3,946	2,984	65.0	DML61ZA	1,350×1	1969	川崎車輌	1990.10.16	国鉄DE10 148			2021.12.31
			10 1251	1	〃	3,965	2,950	65.0	DML61ZB	〃	1981	日本車輌	2021.6.22	秋田臨海DE10 1251			—
		DD45	451	1	11,000	3,750	2,650	45.0	三菱12DH-20LT	520×1	2022	北陸重機工業	2022.6				—
31	長良川鉄道	NTB209	209	1	7,050	3,805	2,890	16.0	E120T	235×1	1986	富士重工業	1992.4.1	保線用機械			2011.3.31
32	神岡鉄道	DB1	1	1	12,555	3,685	4,500	24.8	いすゞE120	202×1	1984.9	新潟鐵工所	1984.11.19	（新造）			2006.12.1
		25DL	251・252	2	6,850	3,450	2,720	25.0	DMH17S	280×1	1966.9	富士重工業	1984.9.1	三井金属神岡鉱業所			2006.12.1
		KMDD13	131	1	13,600	3,767	2,846	54.0	DMF31SB	500×2	1964.2	汽車	1984.9.1	国鉄DD13 199			1995.3.31
			132	1	〃	〃	〃	〃	〃	〃	1964	日本車輌	1988.9.1	国鉄清算事団DD13 119			2006.12.1
		KMDE10	101	1	14,150	3,965	2,950	65.0	DML61ZB	1,350×1	1970	日本車輌	1991.11.27	JR四国DE10 1005			2006.12.1
33	黒部峡谷鉄道	DD20	22	1	7,780	2,400	1,650	15.5	E120TGM-S	208×1	1979.6	協三	1979.6.30	（新造）			2012.3
			23	1	〃	〃	〃	〃	〃	〃	1985.4	協三	1985.4.22	（新造）			2000.6.5
			24	1		2,436	1,676	16.5	いすゞ6SD1	169.2×1	2001.6	日本除雪機	2001.6.2	〃			—
			25	1	6,900	2,436	1,650	16.5	キャタピラージャパンC9	279×1	2012.5	協三	2012.5	〃			—
34	富山地方鉄道	DL1	1	1	5,056	2,650	2,085	7.0	DA120P	120×1	1963.1	富士重工	1963.1	（新造）	1965	2→1	—
			2	1	〃	〃	〃	〃	〃	〃	1963.11	富士重工	1965.3	〃	〃	3→2	—
			3	1	〃	〃	〃	〃	〃	〃				〃	〃	5→3	—
		DL11	11	1	7,396	3,880	2,700	16.0	DA640-1TPD	135×1	1969.11	新潟鐵工所	1970.1	（新造）			2006.11.15
			12	1	〃	〃	〃	〃	〃	〃	1974.12	新潟鐵工所	1974.12	（新造）			2020.11
		DL13	13	1	7,590	3,685	2,700	20.0	E120	202×1	1981.10	新潟鐵工所	1981.12.5	（新造）			2024.2
35	あいの風とやま鉄道	DE15	15 1004	1	14,150	3,965	2,950	65.0	DML61ZB	1,350×1	1972	日本車輌	2015.3.14	JR西日本DE15 1004			2022.9.21
			15 1518	1	〃	〃	〃	〃	〃	〃	1974	新潟トランシス		JR西日本DE15 1518			2023.4.6
36	万葉線	6000	6000	1	9,950	4,255	2,560	15.0		335×1	2012.2	新潟トランシス	2012.3.2	（新造）			—
37	北陸鉄道	DL1	11	1	5,217	3,250	2,084	7.6	DA120	89×1	1966	富士重工業	1966	（新造）			2007.10
		DL31	31	1	7,078	3,740	2,600	13.7			1963	新潟鐵工所	1978	国鉄金沢保線区			—
38	福井鉄道	D100	101	1	12,555	3,685	2,500	24.06	E-120	202×1	1982.10	新潟鐵工所	1982	（新造）			2020年度
39	ハピラインふくい	キヤ143	143-5	1	19,860	4,087	2,989	55.1	SA6D140HE-2	450×2	2016.11	新潟トランシス	2024.3.16	JR西日本キヤ143-5			—
40	近江鉄道	DD451	451	1	13,250	3,850	2,735	45.0	DMH17SB	300×2	1963.3	富士重工業	1974.1	福島臨海DD451			2004.7.1

	会社名	形式	番号	両数	最大寸法 (mm) 長さ	最大寸法 (mm) 高さ	最大寸法 (mm) 幅	自重 (t)	機関 形式	機関 出力 (ps×個)	製造 年月	製造 製造所	竣工年月日	前所有社・番号	改造 年月	改造 内容	廃車年月日
41	嵯峨野観光鉄道	DE10	10 1104	1	14,150	3,964	2,950	65.0	DML61ZB	1,350×1	1971	日本車輌	1991.4.27	JR西日本DE10 1104			—
42	水島臨海鉄道	DD500	501	1	11,400	3,700	2,700	50.0	DMF31SB	500×1	1968.2	日立	1968.2.1	(新造)			—
			505	1	11,500	3,747	2,680	〃	DMH17S	250×2	1962.2	川崎車輌	1961.6.27	〃			2013年度
			506	1	11,400	3,700	2,700	〃	DMF31SB	500×1	1966.6	日立	1966.6.14	〃			2023.2.28
		DE70	701	1	14,150	3,965	2,950	70.0	DML61ZA	1,250×1	1971.4	川崎車輌	1971.3.26	〃			2023.1.31
		DD200	200-601	1	15,900	4,079	2,974	58.8	FDML3DZ	1,217×1	2021.5	川崎重工業	2021.6.2	(新造)			—
43	伊予鉄道	D1	1	1	4,890	2,963	1,920	9.0	W06E	88.26×1	2001.10	新潟鐵工所	2001.10.12	(新造)			—
		D14	14	1	〃	〃	〃	〃	〃	〃	2002.8	〃	2002.8.7	〃			—
44	平成筑豊鉄道	DB10	101・102	2	5,250	3,071	2,760	10.0	キャタピラーC6.6	112×1	1986.7	協三	2008.6	南阿蘇鉄DB101・102	2013.2.1	機関：日野DS50→キャタピラーC6.6	—
45	島原鉄道	D37	3701-3702	2	10,950	3,665	2,718	37.0	DMH17SB	300×2	1968.1	川崎車輌	1968.1.17	(新造)			1988.5.10
			3703	1	〃	〃	〃	〃	〃	〃	〃	〃	〃	〃			2000.2.3
46	南阿蘇鉄道	DB10	101	1	5,250	3,071	2,760	10.0	DS50	112×1	1986.7	協三	1968.7.5	水資源公団			2006.12.8
		DB16	102	1	〃	〃	〃	〃	〃	〃	〃	〃	〃	国鉄			—
			161-162	2	6,500	3,600	2,760	16.0	PF6TA14	330×1	2007	北陸重機工業	2007.3.24	(新造)			—

西濃鉄道生え抜きのディーゼル機DD403が牽引する石灰石輸送列車。
2021.5.29　美濃赤坂
P：寺田裕一

47

おわりに

　1993(平成5)年4月1日在籍のディーゼル機関車と蒸気機関車に関して、その後の変遷を訪ねて3巻にわたり北から順に眺めてみた。

　本書では、1993年4月1日以降の現役ディーゼル機関車と蒸気機関車を対象としたので、自身が京阪に入社してから10年目以降のディーゼル機関車と蒸気機関車が対象となる。国鉄の貨物大幅縮小は1984(昭和59)年2月1日であったので、ローカル私鉄における貨物輸送の多くは消滅し、貨物営業は消滅しても機関車は生きていた、そんな時代であった。電化路線であっても除雪用等にディーゼル機関車を所有しているのが西日本編の特徴で、貨物専業の臨海鉄道がないのも他地域とは異なっていた。

　そんなこともあって、西日本編では、北陸3県の鉄道を含めている。2021(令和3)年度に100万t以上の実績を持つ会社は0で、貨物専業の西濃鉄道が55万t、水島臨海鉄道が32万tで、他地域に比べると輸送量が少ない。

　ここから先は私事であるが、2023年6月に京阪カード社の取締役会長職を退任して、京阪とは株主としてのみの関係に変わった。その環境下でのRMライブラリーの2作品目が本書であることに、何かの因縁を感じる。写真提供の方々をはじめ、お世話になった方々に感謝を述べたい。

2025年1月　寺田　裕一

硫酸輸送で活況を呈した奥飛騨の神岡鉄道も、貨物輸送の廃止により営業継続が困難になり、2006(平成18)年に路線そのものが全廃となった。
　　1985.1.12　漆山-神岡鉱山前　P：寺田裕一